AF313283

OBSERVATIONS

IMPORTANTES

SUR L'USAGE

DU SUC GASTRIQUE

DANS LA CHIRURGIE;

RASSEMBLÉES

PAR JEAN SENEBIER,

Miniſtre du Saint-Evangile & Bibliothécaire de
la République de Genève.

*Avec quelques additions de M. l'Abbé SPALLANZANI
à ſes expériences ſur la Digeſtion.*

A GENEVE,

Chez BARTHELEMI CHIROL, Libraire.

M. DCC. LXXXV.

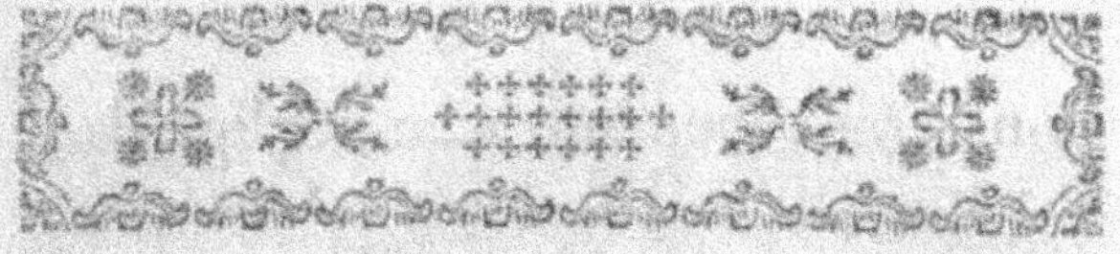

OBSERVATIONS

IMPORTANTES,

Rélatives au Paragraphe IX des Confidérations fur les conféquences pratiques qu'on pouvoit tirer des expériences de l'Abbé SPALLANZANI fur la digeftion.

I.

Hiftoire de l'ufage du fuc gaftrique dans la guérifon des plaies.

QUAND je publiai, au mois d'Avril 1783, mes Confidérations fur les expériences que l'Abbé SPALLANZANI avoit faites fur la digeftion, je n'efpérois pas que les vues que j'avois annoncées fur l'ufage du fuc gaftrique pour la guérifon des plaies euffent des effets auffi importans & auffi promts.

A

Je n'avois cependant rien négligé dans le paragraphe IX de mes Confidérations pour donner à mes idées toute la probabilité poffible d'un fuccès intéreffant, & j'avois écarté avec foin toutes les objections qui pouvoient empêcher de les réalifer. Mais l'inertie prefque invincible des Médecins & Chirurgiens quand on leur propofe de nouveaux remèdes, peut-être leur crainte de faire des tentatives nuifibles ou infructueufes, peut-être une pareffe naturelle aux hommes fort occupés, me faifoient craindre que ce remède ne reftât dans l'oubli, & que les malades qu'il auroit pu guérir ou foulager ne profitaffent pas de ce moyen de guérifon ou de foulagement.

Mais heureufement tous les Médecins & Chirurgiens n'ont ni la même inertie, ni les mêmes craintes, ni la même pareffe. Dès que j'eus communiqué mes idées à M. JURINE, Maître en Chirurgie à Genève, auffi diftingué par fon favoir dans tout ce qui regarde fon art & par fon habileté pour en appliquer les fecours aux malades, que

par le vif défir qu'il a d'étendre les
bornes de la fcience & d'augmenter
les moyens de foulager l'humanité.
M. Jurine s'occupa fortement à réalifer ce que j'avois imaginé, & à donner un corps à ma penfée & à mon
obfervation en faifant fur divers malades les expériences néceffaires pour
en conftater la folidité. Il employa donc
le fuc gaftrique dans fa pratique, & il
en vit bientôt les heureux effets : il fui-
vit plufieurs malades traités par ce remède ; il a fait diverfes obfervations
intéreffantes qu'il a rédigées par écrit,
toutes lui ont appris l'importance du
fuc gaftrique, & les avantages qu'on
peut retirer de ce remède.

Auffi-tôt que je commençai à voir
mes efpérances fe réalifer par les gué-
rifons que M. Jurine opéroit avec le
fuc gaftrique, je communiquai les
idées de notre habile Chirurgien à
M. le Comte Morozzo à Turin, qui
voulut auffi qu'on fit des expériences
pour apprécier la valeur de ce nouveau
remède : il en remit le foin à M. Toggia, attaché à l'école vétérinaire de

Turin, qui a publié un livre utile sur les maladies des bestiaux. Il employa donc ce remède, premiérement pour les plaies des animaux, & ensuite pour celles des hommes ; & il obtint des succès aussi satisfaisans que ceux de M. Jurine à Genève.

Enfin, je fis part à M. l'Abbé Spallanzani des conséquences heureuses que j'avois tirées de ses découvertes & des avantages qu'elles promettoient à ceux qui s'en serviroient pour la guérison des plaies, en lui annonçant les guérisons que M. Jurine avoit opérées à Genève. Ce grand Naturaliste communiqua ma lettre à M. Carminati, célèbre Professeur de Médecine & de Chirurgie à Pavie, connu par un excellent ouvrage latin sur l'action que les airs gâtés font éprouver aux animaux qu'on y expose : *De animalium ex mephitibus & noxiis halitibus interitu.* Ce Professeur se saisit de ce sujet, & en a fait un des objets de ses études ; il y a trouvé la matière d'un livre curieux & utile, qu'il ne tardera pas à publier.

I I.

Expériences & observations de Mr.
JURINE, faites pour la guérison des
plaies par le moyen du suc gastrique.

JE rapporte ici les expériences &
les observations de M. JURINE telles
qu'il me les a communiquées.

AVANT de rendre compte de quelques-unes de mes observations pratiques faites par le moyen du suc gastrique, je dois prévenir le Lecteur que je
ne me suis servi de ce nouveau remède
qu'après m'être assuré de ses propriétés
principales par des expériences parti-
culières, & en avoir fait pour moi
une analyse qui me tranquillisoit sur
son emploi : l'humanité prescrit les
précautions, & les rend indispensables.

J'aurois préféré le suc gastrique des
oiseaux carnaciers, & sur-tout de l'aigle, s'il eût été facile de s'en procurer ;

mais ma crainte naturelle du bec & des ferres de ce terrible animal m'a toujours retenu, ne me fentant pas affez de patience, & n'ayant pas affez de loifir pour l'apprivoifer, ou m'apprivoifer avec lui : je me fuis fervi fimplement du fuc gaftrique que l'on trouve dans les bœufs & moutons. Pour qu'ils fourniffent davantage de fuc, il faut avoir foin de les faire jeûner la veille qu'on doit les tuer ; cette précaution eft furtout néceffaire pour les derniers : les premiers n'ont pas befoin qu'on la prenne. Dés que les Bouchers ont éventré l'animal, ils lui coupent l'éfophage & le lient, puis ôtent l'eftomac & les inteftins : c'eft dans le premier des eftomacs qu'il faut chercher le fuc ; c'eft-là qu'il eft paffablement liquide, quoique mêlé encore avec quelques débris de plantes & chargé de leurs parties colorantes : on le filtre au travers d'un linge fin, & on le conferve dans des bouteilles. Pour s'en fervir, l'on fait chauffer au bain-marie la quantité que l'on compte employer ; l'on en lave les ulcères, que l'on garnit enfuite avec de la charpie , fur laquelle l'on exprime le fuc ; l'on couvre le tout d'une compreffe trempée dans la même liqueur , ayant foin d'arrofer l'appareil de deux en deux heures , fi cela eft poffible , fe contentant de deux panfe- mens par jour feulement.

Il paroîtra furprenant qu'un remède auffi efficace commence prefque tou- jours par occafionner de plus vives douleurs que celles que l'on éprouvoit, c'eft ce que j'ai conftamment obfervé : il eft utile d'en prévenir les malades , afin qu'ils ne fe gendarment pas contre la douleur du moment ; au fecond ou tout au plus au troifième panfement, ils ne reffentiront plus rien.

L'effet de ce remède , comme on le verra par la fuite , eft de calmer très- efficacément les douleurs lancinantes qu'éprouvent les malades quelquefois comme par enchantement , de diffiper les mauvaifes odeurs que développe un ulcère féride , de le nettoyer , de changer la quantité & la qualité de la fuppuration , & de procurer une cica- trice très-promte.

Quoique l'Abbé Spallanzani eût fait des expériences nombreuses & décisives sur la nature du suc gastrique des animaux , & quoiqu'elles soient très-propres à ne laisser aucun doute sur ce qu'il avoit dit , je desirai pour ma propre satisfaction d'en répéter quelques-unes sur le suc des animaux ruminans rélativement aux viandes , parce qu'il ne me paroissoit pas que la nature eût dû donner à ce dissolvant une qualité aussi anti-septique qu'à celui des animaux omnivores ou carnivores ; en voici le résultat :

Je commençai mes expériences au commencement de Septembre 1783 , le thermomètre de Réaumur montant du 16 au 19 degré dans le courant de la journée : je pris du suc tiré d'un même animal, qui étoit le bœuf ; j'en vuidai dans quatre verres une quantité suffisante pour pouvoir la soumettre à de petites épreuves.

Un verre suc gastrique pur à la température ordinaire.

Un verre suc gastrique pur dans la glace , la bouteille bien fermée.

Un verre ſuc gaſtrique pur avec un morceau de viande de bœuf dégraiſſée.

Un verre ſuc gaſtrique avec douze gouttes d'acide vitriolique, le verre étoit plein à moitié.

RÉSULTAT.

Premier verre. Le ſuc ſe conſerva inodore environ trente heures, puis contraĉta une odeur fétide au bout de quarante-huit.

Second verre. Le ſuc ſe conſerva dans la glace quatorze jours ſans altération ; & il ſe ſeroit peut-être conſervé davantage, ſi je n'euſſe pas été ſatisfait de ce réſultat.

Troiſième verre. La viande fit corrompre (en ſe corrompant elle-même) le ſuc au bout de huit heures.

Quatrième verre. La liqueur mélangée ne produiſit aucune fermentation, ſe conſerva en réſiſtant à toute putridité pendant dix jours ; au bout de ce tems je la jetai.

Il paroît évident par ce réſultat que la chaleur eſt contraire à la conſer-vation du suc gaſtrique des ruminans, & *vice verſâ*, que ſon mêlange avec les viandes contribue beaucoup à en hâter la corruption ; d'où il faut conclure que, pour ſe ſervir utilement du ſuc gaſtrique des animaux ruminans pour la guériſon des plaies, il faut néceſſairement le renouveller très-ſouvent, & en avoir du frais au moins tous les deux jours pendant l'été : on pourroit cependant le conſerver très-longtems en le tenant dans la glace ou dans une glacière.

Première Observation

Rélative à l'uſage du ſuc gaſtrique appliqué ſur les ulcères.

Une femme âgée de ſoixante-huit ans, domeſtique chez M. N...., avoit à la jambe gauche un ulcère dartreux occaſionné par des varices très-conſidérables ; par ſa forme, ſa profondeur & les mauvaiſes chairs dont il étoit garni il paroiſſoit devoir s'étendre conſidérablement : il fut panſé avec le ſuc gaſtrique, & guéri en quatorze jours.

SECONDE OBSERVATION.

Un homme âgé d'environ quarante ans, maçon de profession, portoit depuis deux ans à la jambe près de la malléole interne un ulcère très-sordide de la grandeur d'un petit écu ; il avoit employé différens remèdes très-infructueusement. Je le guéris avec le suc gastrique dans l'espace de vingt-un jours radicalement, & après une légère exfoliation de l'os.

TROISIÈME OBSERVATION.

Madame G.... avoit depuis dix-huit mois un ulcère effroyable au côté interne de la jambe droite, qui étoit devenu presque circulaire à cette partie & dans lequel étoient comprises plusieurs varices corrodées en différens endroits ; la matière qui s'en écouloit étoit très-abondante, ichoreuse & excessivement fétide : cette malade étoit consumée par une fièvre lente qui l'avoit émacié à un tel point qu'elle faisoit, au premier aspect, l'impression la plus vive. Je la panfai pendant quelques jours avec le goudron uni au ftyrax pour emporter plufieurs ponts cutanés que le pus avoit difféqués, & ranimer un peu les bords calleux de l'ulcère ; puis j'employai le fuc gaftrique, qui, au bout de trois jours, me fournit une bonne fuppuration & en petite quantité, diffipa la mauvaife odeur qui s'en exhaloit, & procura de belles chairs. Cette Dame qui étoit tourmentée par des douleurs très-vives, & par une cruelle infomnie, reprit en peu de tems le fommeil & la tranquillité, l'appétit & l'embonpoint lui revinrent ; en un mot, il y eut dans tout fon corps un changement très-remarquable & très-avantageux, fon ulcère diminuoit à vue d'œil ; & elle auroit guéri radicalement, fi elle eût voulu fe foumettre à un régime plus févère, & à l'ufage de quelques remèdes internes pour détourner & dénaturer la caufe de fa maladie ; mais, par une obftination mal-entendue, elle n'a pas joui complettement des bons effets du topique & de mes foins, ayant encore un petit ulcère accompagné de

petits clapiers qui donnent iſſue jour-
nellement à une partie de cette âcreté
ſurabondante , évacuation qui lui devient abſolument indiſpenſable. Quoique cette Dame n'ait pas guéri radicalement , l'on ne doit pas inférer de-là
que le ſuc gaſtrique ait été inefficace ,
puiſqu'elle ne ſouffre pas , & que l'ulcère eſt réduit à un très-petit eſpace :
outre cela , l'on ne doit pas enviſager
le ſuc gaſtrique comme un topique capable de guérir & le mal & ſa cauſe
lorſqu'elle dépend de la dépravation
des humeurs.

Quatrième Observation.

La femme d'un maître Charpentier,
âgée de cinquante-deux ans , avoit un
cancer au ſein gauche qui l'avoit ex-
poſée pluſieurs fois à perdre la vie , ſoit
par des hémorrhagies répétées, ſoit par
le repompement de l'humeur cancéreu-
ſe qui lui avoit occaſionné des aphtes
effroyables de la bouche à l'anus. J'a-
vois employé contre cette horrible maladie , ſoit dans ſon principe , ſoit dans
ſa progreſſion, preſque tous les remèdes

ufités en pareil cas ; le mal avoit pul-
lulé fous l'aiffelle & fur la partie fupé-
rieure de la poitrine , où il formoit des
abfcès d'une nature fingulière qui an-
nonçoient l'âcreté qui les faifoit naître :
tout-à-coup il paroiffoit une place
rouge qui , du jour au lendemain ,
corrodoit la peau , le tiffu cellulaire &
même le mufcle. Cette pauvre mal-
heureufe fouffroit incroyablement de
ce furcroît de mal. Je me fervis du
fuc gaftrique , que je vuidai dans ces
trous excavés ; je lui fis prendre en
même tems des léfards , & j'eus la fa-
tisfaction de voir les douleurs fe diffiper
complettement dès le fecond jour , l'o-
deur s'anéantir & les quatorze ulcères
de fa poitrine fe cicatrifer fucceffive-
ment ; le fein lui-même s'en trouvoit
mieux , quoique l'érofion fuperficielle
ne permît pas d'en retenir l'application :
en un mot , il ne manquoit plus pour
achever la cure que de trouver un fpé-
cifique capable d'évacuer le vice can-
céreux répandu dans la maffe des humeurs ; mais où le trouver ? L'humanité fouffrante n'a pas encore ce bon-

heur, ni l'art ce degré de perfection. J'éprouvai donc pour toute satisfaction le plaisir de voir ma malade attendre, sans trop souffrir, pendant environ quatre mois le moment qui devoit terminer ses maux.

CINQUIÈME OBSERVATION.

M. P.... avoit souffert pendant deux ans d'une tumeur qui s'étoit formée au-dessus de la rotule extérieurement ; depuis trois ans qu'elle étoit en suppuration elle avoit essuyé différentes variations en mieux & en mal, pendant six semaines même elle avoit été cicatrisée ; l'on avoit employé tous les remèdes possibles & les mieux indiqués pour en extirper la cause, l'ulcère en éludoit les effets, & renaissoit de sa cendre. Je vis ce Monsieur la septième année de sa maladie ; sa plaie avoit dans ses plus grands diamètres neuf pouces, soit en longueur, soit en largeur ; il en suïntoit une sanie très-abondante & très-fétide, les bords en étoient élevés & comme déchirés, le milieu se trou-

voit partagé en plusieurs isles par des
interstices cutanés , le fond ne présen-
toit que des chairs livides & fongueuses ; le malade souffroit beaucoup & le
jour & la nuit ; il ne pouvoit marcher :
& son bon tempérament , fatigué par
une maladie aussi longue & aussi douloureuse , étoit affecté sensiblement.
Voilà l'esquisse de ce qu'il étoit lors-
que j'eus le plaisir de lui donner des
conseils. Ne connoissant pas encore
les effets du suc gastrique , je commençai la cure par l'usage du goudron
appliqué sans mêlange ; ce qui procura , non sans douleur , la chûte de
tous ces intervalles cutanés qui s'op-
posoient à la cicatrice , & celle des
mauvaises chairs par des escarres très-
grandes & très-profondes , récidivées
souvent à la même place , & qui lais-
soient paroître après leur exfoliation
de bonnes chairs vermeilles. Après six
mois de l'usage de ce topique , le malade se servit du suc gastrique : les premières applications furent douloureu-
ses ; mais en peu de jours le mieux se
fit appercevoir , & par le ramollisse-

ment

ment complet des bords de l'ulcère & par la cicatrice qui s'avançoit fensiblement ; chaque jour l'état du corps, qui s'étoit amendé pendant l'usage du goudron, se rétablit parfaitement. Le malade ne souffroit pas ; les nuits étoient tranquilles, l'appétit fort égal ; il pouvoit se promener sans beaucoup de peine. Une fièvre intermittente qui survint arrêta les progrès de la cicatrice ; depuis ce tems elle marche lentement, l'ulcère est superficiel ; il a environ deux pouces & demi de longueur sur deux de largeur, garni de chairs très-vermeilles qui ne paroissent laisser entrevoir pour l'avenir qu'une cicatrice heureuse & solide, & la suppuration ressemble à une crême parfaite. Tel est l'état de la maladie au moment que j'écris : le malade est aussi bien qu'il soit possible d'être rélativement à toutes ses fonctions, continuant de marcher sans difficultés.

Sixième Observation.

Elisabeth Bovet, âgée de 14 ans, nubile, étoit incommodée depuis quatre

B

mois d'un ulcère fixé à la malléole interne du pied droit, qui la faisoit beaucoup souffrir ; à ce terme elle fut trans-
portée à l'hôpital, dont je suis Chirurgien. Je débutai par la purger ; je
la soumis au régime convenable, & je
la pansai avec la charpie sèche recou-
verte d'un emplâtre légérement aglu-
tinatif : elle observoit le plus parfait
repos ; malgré cela, le mal ne fit que
s'accroître, les chairs se gonflèrent,
devinrent fongueuses, & l'ulcère s'a-
grandit au point d'avoir deux pouces
& demi de diamètre. Dans l'intention
de réprimer ces chairs fongueuses, je
me servis de médicamens légérement
cathététiques, comme l'alun calciné,
l'onguent égyptiac & la pierre infer-
nale ; ce qui ne procura aucune appa-
rence de mieux : au contraire, cette
pauvre fille étoit tourmentée par des
douleurs intolérables qui la privoient
de tout sommeil. Deux mois & demi
s'écoulèrent dans un traitement que
j'avois rendu aussi approprié à l'état
de la malade qu'il étoit possible. Voyant
cependant que la santé de cette fille

périclitoit chaque jour, j'eus recours au fuc gaftrique qui calma promtement les douleurs, détergea l'ulcère, & le guérit parfaitement en cinq femaines.

J'aurois pu ajouter à ce petit détail d'autres obfervations fur des ulcères fimples guéris très-promtement par l'ufage de ce remède : j'ai craint de devenir prolixe, & j'ai cherché feulement à raffembler dans ces fix Obfervations fix maladies différentes par leur nature. Si j'ai rempli mon but, & fi les fuccès que j'ai obtenu peuvent engager d'autres Chirurgiens, ou autres perfonnes de l'art à s'en fervir, ils trouveront dans fon ufage un nouveau moyen pour foulager l'humanité.

Corollaires tirés des Obfervations.

1°. Le fuc gaftrique a la propriété de calmer fûrement & promtement les douleurs que donnent les ulcères d'un mauvais genre.

2°. Il ranime les chairs, fait difparoître les mauvaifes, & il ramollit les bords des ulcères calleux.

3°. Il diffipe les mauvaifes odeurs émanant des parties affectées.

4°. Il diminue la fuppuration ex-ceffive, & lui procure toutes les qualités requifes pour devenir louable.

5°. Enfin, il accélère la cicatrice.

III.

Observations de M. Toggia faites sur la guérison des plaies par le moyen du suc gastrique.

JE donnerai ici l'extrait du Mémoire de M. Toggia sur l'usage du suc gastrique pour la guérison des plaies des hommes & des animaux.

Première Observation.

M. Toggia commença prudemment ses expériences sur un cheval fortement blessé au garrot ; il lava la plaie avec le suc gastrique d'un mouton, & il la couvrit avec de la filasse qui en étoit humectée : il répétoit ce pansement tous les jours, & il observa chaque jour que la plaie se nettoyoit, que son diamètre diminuoit ; en sorte que, dans un tems très-court, elle fut cicatrisée sans aucun autre remède.

SECONDE OBSERVATION.

Ce succès en fit espérer un autre sur une jument angloise dont le col étoit couvert de plusieurs petits ulcères avec des croûtes qui se manifestoient sur-tout à la crinière & aux premières vertèbres dorsales ; il en sortoit un pus ichoreux & très-fétide qui excitoit une démangeaison très-forte. M. TOGGIA employoit inutilement les remèdes les mieux indiqués ; enfin il pensa à se servir du suc gastrique en continuant l'usage de quelques remèdes internes : il réussit à vaincre l'âcreté de l'humeur, de même que la démangeaison, & à obtenir au bout d'un tems assez court une cicatrisation complette des petits ulcères avec la chûte entière des petites croûtes qui les couvroient.

TROISIÈME OBSERVATION.

Le succès de ces expériences engagea M. TOGGIA à les répéter sur des hommes.

Un jeune homme de dix-huit ans avoit une plaie sur le tibia, soignée depuis plusieurs jours par un habile Chirurgien, qui employoit inutilement les meilleurs remèdes appropriés à l'état du malade. M. Toggia proposa au Chirurgien l'usage du suc gastrique, qui prit le parti de l'employer : l'ulcère qui étoit livide dans quelques parties dont les chairs étoient baveuses & dont les environs étoient très-enflammés rendoit la jambe enflée, douloureuse & fatiguée par une démangeaison in-supportable & invincible ; dans cet état l'ulcère ne parut éprouver d'autre effet, dans les deux premiers jours de l'appli-cation du suc gastrique, que celui d'un puissant digestif ; mais ensuite il s'éta-blit une très-belle suppuration, & la plaie, délivrée de tous les accidens fâcheux que j'ai décrit, s'achemina à une heureuse guérison.

I V.

*Observations & expériences de Mr.
CARMINATI, Professeur de Médecine & de Chirurgie à Pavie, sur
le suc gastrique.*

LES travaux de M. CARMINATI
sur le suc gastrique l'ont mis en état
de publier un livre aussi original par
son sujet qu'il est intéressant par la
manière dont il sera composé. Il a
cédé à mes instances, & il a eu la
bonté de m'envoyer une esquisse de cet
ouvrage précieux : j'ai cru intéresser
le Public en le faisant jouir d'abord
des résultats fournis par les faits qui
ont occupé ce Savant, & j'ai cru ne
pouvoir pas mieux faire que de traduire
fidellement le résumé qu'il a eu la com-
plaisance d'en faire lui-même.

L'OUVRAGE que je prépare sur la
nature & les usages du suc gastrique

en Médecine & en Chirurgie est divisé
en sept Chapitres, qui forment sept
points de vue particuliers sous lesquels
on peut le considérer.

§. I.

Effets du suc gastrique sur les plaies
& dans les gangrènes.

J'ai éprouvé premiérement que le suc
gastrique des corneilles noires & cen-
drées, conservées omnivores en les
nourrissant indifféremment de chairs
& de végétaux, produit par lui-même
sur les ulcères qu'on en baigne & qu'on
en couvre par le moyen des plumaceaux
plongés dans ce suc & humectés deux
ou trois fois par jour les effets d'un
excellent remède digestif, détersif,
émollient, antiseptique & cicatrisant;
ce qui résulte de la guérison d'un ulcère
considérable, fétide, profond, inégal
& ancien à la jambe d'une femme
âgée & cachétique. Le suc gastrique
remplit ici toutes les qualités que je lui
ai données sans l'usage d'aucun remède interne ou externe; il n'occasionna

aucune douleur à la malade, à l'excep-
tion d'un sentiment très-passager de
chaleur, que cette femme éprouva dans
les premiers jours qu'elle fit usage de
ce suc gastrique.

Le suc gastrique des carnivores, &
sur-tout des hérons, des milans & des
faucons, possède toutes ces propriétés
dans un degré éminent ; & quoique,
dans les premiers jours, il occasionne
une plus grande chaleur aux plaies qu'on
en baigne que le suc gastrique des corneilles, il les déterge & les guérit aussi
beaucoup plus promtement ; ce qui
m'a paru par la guérison de cinq ulcères
antiques, calleux, fétides, &c. qui fut
rapide & complette.

Le suc gastrique des animaux omnivores & carnivores dont j'ai parlé est
un très-bon remède dans les plaies
produites & formées par le virus vénérien ou par celui des écrouelles. J'ai au
moins guéri avec ce suc gastrique trois
personnes dont les plaies étoient inéga-
les, putrides, calleuses & rebelles à
tous les meilleurs remèdes internes &
externes appropriés à leur état.

Ces sucs gastriques ne sont pas moins utiles dans les gangrènes ; j'en ai guéri trois avec ces sucs seuls , quoiqu'elles fussent déjà bien formées. Le suc gastrique des animaux que j'ai nommé a arrêté les progrès de la gangrène , en a séparé les parties privées de vie , en a corrigé la fétidité & a guéri l'ulcère formé par la chûte des chairs mortifiées.

Enfin , le suc gastrique des carnivores agit d'une manière bien avantageuse sur un cancer au visage , en détergeant le fond des parties ulcérées , en adoucissant l'humeur ichoreuse & rongeante qui les remplit , en ôtant la mauvaise odeur , en diminuant les douleurs qui étoient très-aiguës & en arrêtant les progrès du mal.

§. I I.

Usage du suc gastrique dans les contusions , dans les tumeurs & dans les autres maladies externes.

Plusieurs expériences que j'ai faites tendent à montrer que le suc gastrique

des animaux herbivores ruminans , c'est-
à-dire des bœufs , des veaux , des moutons , appliqué extérieurement , ôte
les douleurs chroniques des parties toutes les fois que l'usage des résolutifs est
indiqué , comme il paroît par la guérison de deux femmes , dont l'une avoit
une douleur ancienne à l'épaule gauche,
& l'autre avoit une douleur continuelle
plus ou moins aiguë au bras droit , qui
étoit sans mouvement, à la suite d'une
hémiplégie.

Le suc gastrique s'emploie très-utile-
ment dans les contusions qui ne se bor-
nent pas à attaquer la peau , mais qui
gênent les muscles; ce qui a été éprouvé
dans une contusion à la partie moyenne
& latérale gauche de la tête , là où le
muscle temporal prend son origine ,
quoiqu'elle fût accompagnée d'une
blessure qui mettoit le péricrane à
découvert.

La vertu résolutrice du suc gastrique a été démontrée par les bons effets
qu'il produit sur les tumeurs lymphati-
ques. Un gonflement édémateux aux
paupières , de même qu'un idrocèle,

se diſſipe par la ſeule application du ſuc gaſtrique des ruminans : on a obſervé les mêmes effets de ce ſuc ſur d'autres tumeurs inflammatoires , & ſur une tumeur d'un caractère écrouelleux.

Le ſuc gaſtrique des carnivores & des omnivores eſt auſſi un excellent réſolutif ; il diſſout avec facilité & promtitude les glandes inguinales enflées & durcies par l'action du virus vénérien ; il y a plus , il amollit & diſſipe en peu de tems les calloſités des pieds & des mains produites par des compreſſions extérieures , quoiqu'elles ſoient dures, douloureuſes & anciennes.

§. I I I.

Expériences faites avec le ſuc gaſtrique dans les maladies de l'eſtomac , dans les fièvres putrides & intermittentes.

On montre d'abord que l'uſage interne du ſuc gaſtrique des animaux, qui eſt le principal agent de la digeſtion , eſt utile dans tous les maux produits par quelques vices du ſuc gaſtrique, & ſurtout par ſa diminution & ſon défaut d'énergie rélativement aux besoins de la digestion. J'ai guéri avec ce seul remède trois femmes dans un état de langueur, de gonflement & même de douleur aiguë dans l'estomac pendant la digestion. J'ai guéri de même deux jeunes garçons attaqués d'une oppression très-grave & douloureuse à l'estomac, qui étoit occasionnée pour avoir mangé beaucoup trop d'œufs & de viande. Une femme maigrissoit depuis plusieurs mois, elle étoit sujette à des nausées & à des vomissemens continuels ; ces vomissemens étoient des matières amères & noirâtres, sur-tout après avoir bu : ses maux étoient occasionnés par une tumeur squirreuse, un peu élevée & fort étendue entre les muscles & les tégumens qui passoient de l'hypogastre à l'hypocondre droit : chaque fois que cette femme prenoit une once du suc gastrique des ruminans pendant le jour, la nuit suivante elle étoit délivrée de ses nausées & de ses vomissemens, qui recommençoient aussi-tôt qu'elle suspendoit l'usage du suc gastrique.

Dans les foibleffes & les douleurs d'eftomac, produites par l'atonie du viscère ou par quelque affection nerveufe & convulfive, le fuc gaftrique a été toujours inutile. Le fuc des carnivores n'a pu être employé qu'après avoir été délayé dans l'eau pour un ulcère d'eftomac, parce qu'il occafionnoit de l'irritation & de la douleur.

Dans les fièvres gaftriques le fuc gaftrique des moutons a été toujours inutile ou même dangereux, quoiqu'il ne fût adminiftré qu'après avoir en partie évacué les premières voies & quoique le ventre fût mol. Le fuc gaftrique des carnivores m'a paru convenable dans ces fièvres; il réfiftoit à l'ultérieure dégénération & corruption des humeurs & des matières placées dans les premières voies : mais il n'eft pas fuffifant pour les corriger & les évacuer ; il femble même nuifible dans ces fièvres, parce qu'il retarde & diminue les évacuations inteftinales.

Le fuc gaftrique a quelque vertu pour diffiper les fièvres intermittentes. Deux fièvres tierces prifes en automne

& prolongées jusques au printems , de même que six autres fièvres du printems, furent guéries avec le seul suc gastrique pris à la dose de trois onces pour la plus grande. Dans ces mêmes fièvres des mois d'Août & de Septembre , qui sont les plus difficiles à vaincre , le suc gastrique a produit quelquefois l'effet d'un fébrifuge lorsqu'il étoit employé en grandes doses. Mais on ne sauroit lui donner le titre d'un spécifique , car il n'a pu guérir une fièvre quarte bénigne & une fièvre tierce simple , qui cédèrent d'abord à l'usage du china-china ; il est vrai que ces fièvres avoient beaucoup diminué par l'emploi du suc gastrique des carnivores , & qu'elles ne résistèrent pas à une bien petite dose du china-china.

§. IV.

§. I V.

Examen du suc gastrique des animaux carnivores , omnivores & herbivores non-ruminans & ruminans , fait par la voie humide.

L'examen des différens sucs gastriques fait par la voie humide , prouve que ces sucs sont différens entr'eux.

Les sucs gastriques des carnivores , c'est-à-dire des grands & des petits hérons , des milans , des faucons , des hiboux & des chouettes, quoique très-différens par leur densité & leur couleur , ont cependant tous un goût salé & amer ; ils ont un caractère d'acidité qui se manifeste par plusieurs indices certains : on y trouve , outre l'eau , une résine d'une couleur obscure très-amère ayant une odeur pénétrante & particulière , une substance animale de la même couleur , très-peu de sel ammoniacal & une plus grande dose de sel marin , découvert depuis une année par un de mes écoliers.

Les omnivores ont généralement un

fuc gaftrique qui eft neutre, comme on l'obferve dans les chats, les chiens, les corneilles quand ils font nourris de chairs & de végétaux ; car fi on les nourrit feulement de viande, leur fuc gaftrique devient parfaitement femblable à celui des carnivores. Enfin, le fuc gaftrique de l'homme, que j'ai eu de perfonnes jeunes & faines qui jeûnoient depuis quelques heures, tantôt par la méthode de M. GOSSE, tantôt par un émétique d'ipécacuana, & même en le tirant des cadavres ; ce fuc eft compofé d'une humeur aqueufe abondante, d'une fubftance animale & d'un peu de fel marin.

Le fuc gaftrique des animaux herbivores non-ruminans, comme celui des lapins & des cochons, paroît acide ; on y découvre encore de l'eau, une fubftance animale & un peu de fel marin.

Le fuc gaftrique des animaux herbivores ruminans eft compofé des mêmes principes, fi l'on excepte une portion de fel ammoniacal qu'on trouve dans ce dernier, & que je crois rigoureufement acide. Quoique j'aie trouvé les fucs gaf-

triques des brebis , moutons , chèvres ,
veaux herbivores , depuis long-tems tiré
de l'animal vivant ou mourant , très-fouvent alkalin au point de faire effervef-
cence avec les acides d'une manière
fenfible , je crois cependant cet alkali
étranger au fuc gaftrique , & le réfultat
de la putréfaction des herbes qui féjour-
nent long-tems dans l'eftomac de ces
animaux. Voici les fondemens de mon
opinion : 1°. On trouve le fuc gaftrique de ces animaux très-fouvent acide.
2°. Il eft toujours acide dans les veaux
qui tettent ou qui ne font herbivores
que depuis quelque tems ; il eft même
acide dans les veaux plus gros , & dans
les bœufs à-jeûn depuis long-tems &
qui ont bien digéré. 3°. Diverfes fortes
d'herbes fraîches , triturées & mifes en
digeftion dans l'eau pure ou falée à un
degré de chaleur entre 25° & 30° du
thermomètre de RÉAUMUR , païsèrent
au bout de quelques jours à l'alkalinité
fans avoir donné aucune trace d'acide.
4°. En faifant ces expériences avec les
mêmes herbes plongées dans le fuc
gaftrique des ruminans , foit acide , foit

alkalin, le ſuc acide eſt devenu alkalin
au bout de quatre jours, & l'autre faiſoit une plus grande efferveſcence avec
les acides. 5°. Dans les moutons laiſſés
à-jeûn pendant pluſieurs jours le ſuc
gaſtrique s'eſt trouvé acide.

§. V.

Examen des différens ſucs gaſtriques par la voie ſèche.

L'examen des ſucs gaſtriques par
la voie ſèche confirme celui qui a été
fait par la voie humide.

Les produits de la diſtillation du ſuc
gaſtrique des carnivores furent beaucoup d'eau, un acide, quelques gouttes
d'une huile graſſe & âcre adhérente
au col de la cornue avec une ſubſtance
ſaline qui donne une odeur d'alkali
volatil lixiviel lorſqu'il eſt traité avec
l'alkali du tartre ou la chaux-vive. Le
caput mortuum, filtré & évaporé,
fournit des cryſtaux de ſel marin : ſi
l'on brûle ce qui étoit reſté ſur le filtre,
& qu'on le phlogiſtique pour y cher-

cher du fer , on y trouve une pure
terre calcaire.

Le suc gaſtrique des animaux omnivores , entre leſquels il faut compter
celui de l'homme , donne d'abord par
la diſtillation une eau qui devenoit quelquefois alkaline ; ce qui étoit peut-être
l'effet de l'altération du suc , puiſque
dans tous les cas où j'étois aſſuré que le
suc gaſtrique étoit pur & frais , j'eus
toujours une eau inſipide : après le fleg-
me on obtenoit un peu d'huile noire
& âcre ; le réſidu ou *caput mortuum*
ne différoit pas de celui des carnivores.

Les produits de la diſtillſation du suc
gaſtrique des animaux herbivores non-
ruminans ont été une eau d'abord un
peu alkaline & enfin acide , une huile
noire & âcre. Le *caput mortuum* fournit du sel marin , de l'alkali fixe en très-
petite quantité & de la terre calcaire.
Le suc gaſtrique des animaux ruminans
a donné , par la diſtillation , une eau d'a-
bord alkaline & enſuite acide toutes les
fois que ce suc étoit acide par la voie
humide. En concentrant cette eau
j'en ai recueilli un peu d'acide que je

fuis occupé à examiner, & il me paroît
un acide animal. La diftillation fournit
encore du fel ammoniacal que toutes
les diftillations pourtant ne donnent
pas ; une huile empyreumatique. Le
réfidu eft femblable à celui du fuc des
animaux herbivores non-ruminans.

Enfin, le fuc gaftrique des animaux
ruminans alkalin a donné, dans quelques cas, pour dernier produit très-
peu d'acide, & communément un fleg-
me alkalin pendant toute la diftillation :
l'huile & le charbon furent parfaitement femblables à ceux qu'on retire du
fuc gaftrique des animaux herbivores
non-ruminans & ruminans dans lef-
quels le fuc étoit acide.

§. VI.

*Expériences fur l'anti-fepticité des fucs
gaftriques des différens animaux.*

Le fuc gaftrique des animaux carnivores, mis dans des vafes de verre
clos & découverts expofés à la chaleur
des diverfes faifons, s'eft toujours con-

fervé très-fain & fans pourriture juf-
ques à une entière deffication.

Le fuc gaftrique des animaux omnivores s'eft confervé de même très-
long-tems fans pourriture ; il ne s'eft
même jamais corrompu au bout de
plufieurs mois.

Le fuc gaftrique des animaux herbivores non-ruminans , & celui des ruminans , jouiffent des mêmes propriétés
quand ils font acides ; mais quand ils
font alkalins , ils fe corrompent très-
vîte, & plus ou moins vîte fuivant que la
chaleur eft plus ou moins grande & que
fon alkalefcence eft plus ou moins forte.

Le fuc gaftrique des animaux carnivores , mêlé avec le fang & verfé fur
les viandes faines & gâtées en différentes dofes, donne différentes preuves
de fa puiffance anti-feptique , foit en
les préfervant de la corruption, foit
en les corrigeant lorfqu'ils en étoient
atteints ; & leur action eft d'autant plus
fûre & plus promte, que la quantité
du fuc gaftrique eft plus grande rélativement aux corps qu'on y joint.

Le fuc gaftrique des animaux omnivores, en y comprenant celui de l'homme, se conserve fort bien seul & ne diffère point à cet égard de celui des carnivores ; mais si on le mêle avec les viandes saines ou corrompues, & avec le sang fraîchement tiré ou putride, il m'a paru septique comme l'eau.

Le suc gastrique des animaux herbivores non-ruminans ressemble à celui des carnivores par son anti-septicité, & il en est de même du suc gastrique des animaux ruminans herbivores quand il est acide.

Enfin, le suc gastrique alkalin des animaux ruminans, exposés aux épreuves dont je viens de parler, est toujours sensiblement septique.

Ce Chapitre sera terminé par la rélation de quelques guérisons de maladies internes & de plaies, opérées par le moyen du suc gastrique des animaux herbivores & ruminans quand il étoit acide ; d'où il résulte que ce suc a de grands rapports avec celui des carnivores, & qu'on peut le substituer à celui des hibous, des hérons, d'autant plus qu'il ne coûte rien & qu'il est très-facile à avoir.

§. VII.

Expériences faites avec le suc gastrique humain, combiné avec quelques remèdes minéraux.

Le suc gastrique humain ne dissout ni le cuivre, ni la chaux martiale, ni le cinabre, ni le soufre ; mais il dissout le fer, le minéral de l'antimoine, l'antimoine diaphorétique lavé, les fleurs de zinc & le sublimé-corrosif.

Conséquences de ces faits.

On ne peut douter après ces faits, vérifiés, pour ainsi dire, par trois Observateurs différens qui étudioient la Nature séparément & sans concert, & qui ont eu des conclusions aussi uniformes, que l'usage du suc gastrique, dans les cas indiqués par eux, ne soit très-utile, que ses effets ne soient sûrs & qu'il n'entraîne aucun inconvénient. Il convient donc de l'employer de la manière décrite par MM. JURINE & CARMINATI ; & il conviendra sur-tout

de suivre dans les traitemens, la méthode que M. CARMINATI doit indi-
quer dans l'ouvrage qu'il va publier
sur ce sujet en italien.

Il est vrai qu'il faudroit pour cela se
procurer des corneilles & des oiseaux
de proie ; mais l'objet est assez capital
pour engager quelques personnes à
nourrir ces animaux dans ces vues ;
elles y trouveroient sûrement un gain
considérable. Les corneilles se nourris-
sent de tout ce qu'on leur donne ; mais
il faudroit leur faire avaler de petites
éponges attachées à des fils qu'on reti-
reroit quand on les croiroit suffisamment imprégnées du suc gastrique : on
l'exprimeroit alors , & on pourroit
renouveller aisément l'opération six ou
huit fois sur le même individu entre
ses repas.

Les oiseaux de proie qui dégorgent
après la digestion de leur repas les
parties indigestes offrent un moyen
plus facile , puisqu'en plaçant un plat
au-dessous de l'endroit où ils sont perchés , le suc gastrique y tomberoit au
moment où ils le dégorgeroient, parce

qu'ils reſtent toujours perchés à la même place , & parce qu'on pourroit les y fixer.

Les hôpitaux pourroient avoir de grandes facilités pour fournir ce re-mède ; ils ont toujours les débris des cuiſines & de la boucherie qui nourri-roient les oiſeaux : ils ont ſous la main diverſes perſonnes qu'ils ne peuvent appliquer à autre choſe ; & , comme le ſuc gaſtrique de ces oiſeaux ſe garde fort long-tems ſans s'altérer, on a au moins des exemples qui prouvent qu'on peut le garder pendant cinq ou ſix mois, & ce terme n'eſt pas celui de ſa conſer-vation ; s'il ne pouvoit pas s'employer dans le moment , on pourroit le con-ſerver pour des tems où il ſeroit plus demandé & pour des lieux où il ne ſeroit pas facile de s'en procurer.

ADDITIONS

De M. l'Abbé Spallanzani *à la première Dissertation sur la digestion.*

Pigeons, Poules & Canards.

Quoiqu'il paroisse par cette Dissertation combien est grande la force du ventricule des Pigeons pour briser les corps les plus dûrs, il est évident que le ventricule de ces oiseaux quand ils sont petits & dans le nid n'a pas la même énergie. Je l'ai vu dans les petits tubes, dans les noisettes enveloppées de leur écorce & dans de petits morceaux de verre. La cause de cette différence saute aux yeux : il est bien clair qu'à mesure que ces oiseaux croissent, les muscles du ventricule deviennent plus fors & plus actifs.

Dans les §. xxv & xxvi j'ai fait voir que la digestion ne dépendoit point, dans les Poules & les Canards, des petites pierres ou des autres corps dûrs qu'ils ont dans le ventricule, puisque les gallinacés de ces deux genres, qui ont le plus de pierre dans leur ventricule, ne digèrent pas mieux. J'ai observé la même chose dans les Pigeons : je faisois entrer dans leur ventricule de ces petits grenats que les femmes portent à leur col ; cependant ils ne digéroient pas mieux les alimens avec ces petites pierres très-dûres que les Pigeons qui n'en avoient pas avalé.

Dans le §. xxx de la Dissertation seconde j'ai dit que le gésier des gallinacés étoit incapable de digérer les alimens, & je n'en donnois aucune preuve ; mais pour assurer ce fait, voici des expériences : Je remplissois des tubes avec la mie de pain mâchée que je faisois séjourner long-tems dans le gésier de quelque Poule & de quelque Canard ; après ce tems je le visitai, & je trouvai bien que le pain des petits tubes étoit pénétré des sucs de l'éfophage ou du gésier, mais qu'il n'étoit jamais digéré. J'ai répété la même expérience sur les mêmes gallinacés avec de petits tubes

pleins de viande , & il paroît que le
fuc de l'éfophage ramollit feulement les
alimens & les difpofe à la digeftion.
Ce ramolliffement eft-il néceffaire à la
digeftion ? J'avois oublié l'examen de
cette queftion. Mais les faits que j'ai
obfervé me prouvent qu'il n'eft pas
de la première néceffité pour la digeftion , que les alimens foient d'abord
ramollis dans le géfier des gallinacés.
Je faifois avaler à ces oifeaux des grains
fecs de froment , que je faifois defcendre d'abord avec mes doigts du géfier
dans l'eftomac. S'il y a plufieurs grains
forcés ainfi de defcendre dans l'eftomac
fans s'être arrêtés dans le géfier , il
n'eft pas rare de voir quelques-uns de
ces grains remonter dans le géfier ;
mais fi le nombre de ces grains eft petit
dans , l'eftomac il n'en fort point. Il faut
donc favoir que quand j'étois fûr que
les grains de froment n'avoient point
féjourné dans le géfier , je les trouvois
digérés dans le ventricule & convertis
en chyme dans le duodenum comme
s'ils avoient féjourné dans le géfier ;
d'où je ne conclus pas pourtant que le

fuc du géfier ne concoure point à la digeftion , puifqu'en macérant les alimens
qui y entrent , ils font plus facilement.
triturés par les mufcles du ventricule.

Addition à la feconde Differtation.

CORNEILLES.

J'ai fait quatre infufions , l'une de
quinquina , l'autre de fleurs de camo-
mille , la troifième de myrre & la quatrième avec la ferpentaire de Virginie ;
j'ai fait bouillir ces quatre fubftances
anti-feptiques dans des quantités d'eau
égales & raifonnables ; je les ai laiffées
enfuite en digeftion vingt-quatre heures : après cela je les ai tranfvafées dans
quatre petits vafes femblables & égaux ,
& dans chacun j'ai mis un petit morceau de viande coupé à un veau ; dans
le même tems j'avois mis dans un autre
vafe femblable une quantité égale de
fuc gaftrique de Corneille. J'ai fait ces
expériences au milieu de Février , dans
une chambre où le thermomètre étoit
environ fept degrés au-deffus de zéro.

Au bout de quelques jours la viande
qui avoit été mife dans l'infufion de

quinquina fentoit fort mauvais, de même
que celle des trois autres infufions. Pour
avoir un point de comparaifon , j'avois
fait l'expérience dans l'eau; mais la chair
y fentoit plus mauvais encore : cependant elle ne fentoit point dans le fuc
gaftrique , & elle étoit devenue tout-à-
fait défaite ; une partie même étoit
diffoute , ce que je n'obfervai pas dans
la chair mife dans les quatre autres
infufions.

Addition à la troifième Differtation.

Poissons.

Quand je faifois mes expériences fur
la digeftion des Poiffons , je n'avois
pu employer que les Poiffons du voifi-
nage de Pavie , qui étoient d'eau douce
& en petit nombre. Depuis que j'ai
fait des voyages fur la Mer-Adriatique
& la Méditeranée , j'ai pu faire auffi
des expériences fur les Poiffons de mer.

J'employois les mêmes moyens pour
mes expériences : je fis paffer dans le
ventricule de ces nouveaux Poiffons des
tubes pleins de différentes viandes ; ces

tubes

tubes étoient couverts de trous pour
laisser un passage facile au suc gastrique. Je gardois les Poissons sur lesquels
je faisois mes expériences dans des vases
pleins d'eau de mer où ils se conser-
voient très-vivans. Je trouvois toujours
les chairs des tubes dissoutes & digérées
par la seule action des sucs gastriques.
La plupart de ces Poissons d'eau salée
avoient un estomac membraneux ; quelques-uns, cependant, avoient un estomac musculeux. Entre ceux-ci je dois
distinguer un Poisson du genre des
Carpes, qui semble le *Cephalus* de
Linneus ; son ventricule, par la gros-
feur de ses muscles, ne le cède en rien
à ceux des Oiseaux gallinacés : cependant la digestion s'y fait par le moyen
des sucs gastriques, mais elle s'opère
comme dans les gallinacés, pour lesquels il faut briser suffisamment la viande avant de la mettre dans les tubes ;
d'où il paroîtroit que, de même que
dans les gallinacés, la trituration a
lieu par voie de préparation, mais
qu'elle n'est pas la cause efficiente de
la digestion.

D

Addition à la quatrième Dissertation.

CHOUETTES, MILANS, AIGLES.

Le suc gastrique des Chouettes paroît plus énergique quand elles ont jeûné pendant quelque tems ; au moins paroît-il alors que la digestion, toutes autres choses d'ailleurs égales, se fait plus vîte.

Quoique j'aie vu que le suc gastrique des Milans fût incapable de digérer quelques légumes ou fruits analogues, cependant j'ai trouvé qu'il digéroit fort bien le pain quand il étoit mâché ; d'où il paroît, par tout ce que j'ai dit dans l'ouvrage, qu'il seroit possible que ces animaux passassent de l'état de carnivore à celui de frugivore.

HALLER & d'autres disent : *anima aquilæ pessime olet.* J'ai observé plusieurs fois dans ce but mon Aigle à jeûn, rassasiée de viandes, lorsqu'elle digéroit, & je l'observois facilement : elle étoit apprivoisée de manière que je pouvois approcher mon nez de son bec, alors je saisissois l'occasion où elle ouvroit le bec , où elle fouffloit avec force , & je m'en appercevois en hiver par la petite fumée qui fortoit ; mais jamais je ne l'ai trouvée puante en aucune manière ; d'autres , qui l'ont obfervée comme moi, l'ont trouvée de même.

Addition à la cinquième Differtation.

CHATS. (Digeftion après la mort.)

Si l'on regarde les inteftins grêles des Chats avec leurs appendices, on voit facilement que la bile , par un conduit qu'il eft aifé d'obferver , fe décharge dans le duodenum : on n'a qu'à comprimer la véficule de la bile , & l'on voit courir ce fluïde dans ce canal ; en ouvrant le duodenum on voit qu'elle y entre à un pouce du pylore.

Je n'ai pas remarqué dans mon livre , que les animaux carnivores font bien éloignés de mâcher leurs alimens comme nous: on le voit tous les jours dans les Chiens & les Chats , qui avalent ce qu'ils mangent prefqu'au moment qu'ils 'ont dans la bouche. Si l'on tue un de

ces animaux d'abord après son repas,
on trouve les morceaux de viande en-
tiers ; cependant ces animaux digèrent
pour le moins auſſi vîte que nous : leur
eſtomac étant membraneux, ne ſauroit
triturer les alimens ; de ſorte qu'il faut
que le ſuc gaſtrique, qui eſt la cauſe
efficiente de notre digeſtion, ſoit auſſi
celle de la digeſtion de ces animaux.
Cette concluſion eſt égale pour tous
les animaux de proie.

J'ai bien prouvé que la digeſtion ſe
faiſoit après la mort dans les animaux,
les quadrupèdes & les poiſſons, mais
je n'avois pas fait ces expériences ſur
les Poiſſons de mer ; je les ai répétées
ſur les Poiſſons de la Mer-Adriatique &
Méditeranée quand ils étoient bien
morts, & j'ai trouvé la chair au bout
de quelques heures plus ou moins
diſſoute dans l'eſtomac : la diſſolution
paroiſſoit plus avancée près du pylore.

Enfin, je rendrai cette vérité plus
évidente par un fait qu'un Lapin m'a
fourni : il étoit à jeûn depuis dix-huit
heures ; je le tuai, & immédiatement
après je fis entrer dans ſon eſtomac une

once & demie de pain mouillé ; je le laiffai feize heures ; j'ouvris le Lapin, je trouvai le pain dans l'eftomac : il n'étoit plus dans fon état naturel ; il étoit devenu une bouillie vifqueufe qui avoit perdu le tiers de fon poids ; à l'origine du duodenum on voyoit le tiers de ce pain converti en chyme.

Addition à la fixième Differtation.

Ces expériences tendent à prouver l'anti-fepticité des fucs gaftriques, & fur-tout de ceux de Poule, d'Aigle, de Faucon, de Chouettes, de Chiens. Je les ai confervés dans des bouteilles pendant quelques femaines, & je n'ai pas apperçu le plus léger indice de putréfaction.

Ceux qui tiennent des Salamandres dans des vafes pleins d'eau favent que les plus groffes mangent les plus peti-tes quand elles ont faim ; &, comme elles ne peuvent pas les mâcher parce qu'elles n'ont point de dents, elles les avalent entières : on fait, de plus, que ces animaux digèrent lentement. J'ai ouvert plusieurs fois en été des grosses Salamandres qui avoient mangé de petites Salamandres depuis six ou huit jours, je les trouvai dans leur estomac non-seulement entières, mais encore faciles à reconnoître; cependant ces Salamandres ne sentoient point mauvais, ce qui ne pouvoit arriver que parce que le suc gastrique les garantissoit de la putréfaction.

F I N.